XUE KE XUE MEI LI DA TAI

学科学魅力大

真相秘密研究

熊 伟 编著　丛书主编 周丽霞

自然：在自然的怀抱里

汕头大学出版社

图书在版编目（CIP）数据

自然：在自然的怀抱里 / 熊伟编著. -- 汕头：汕头大学出版社，2015.3（2020.1重印）

（学科学魅力大探索 / 周丽霞主编）

ISBN 978-7-5658-1687-1

Ⅰ．①自… Ⅱ．①熊… Ⅲ．①自然灾害－青少年读物

Ⅳ．①X43-49

中国版本图书馆CIP数据核字（2015）第027425号

自然：在自然的怀抱里　　　　　　　　ZIRAN：ZAI ZIRAN DE HUAIBAOLI

编　　著：熊　伟

丛书主编：周丽霞

责任编辑：胡开祥

封面设计：大华文苑

责任技编：黄东生

出版发行：汕头大学出版社

　　　　　广东省汕头市大学路243号汕头大学校园内　邮政编码：515063

电　　话：0754-82904613

印　　刷：三河市燕春印务有限公司

开　　本：700mm×1000mm　1/16

印　　张：7

字　　数：50千字

版　　次：2015年3月第1版

印　　次：2020年1月第2次印刷

定　　价：29.80元

ISBN 978-7-5658-1687-1

前　言

　　科学是人类进步的第一推动力，而科学知识的学习则是实现这一推动的必由之路。在新的时代，社会的进步、科技的发展、人们生活水平的不断提高，为我们青少年的科学素质培养提供了新的契机。抓住这个契机，大力推广科学知识，传播科学精神，提高青少年的科学水平，是我们全社会的重要课题。

　　科学教育与学习，能够让广大青少年树立这样一个牢固的信念：科学总是在寻求、发现和了解世界的新现象，研究和掌握新规律，它是创造性的，它又是在不懈地追求真理，需要我们不断地努力探索。在未知的及已知的领域重新发现，才能创造崭新的天地，才能不断推进人类文明向前发展，才能从必然王国走向自由王国。

　　但是，我们生存世界的奥秘，几乎是无穷无尽，从太空到地球，从宇宙到海洋，真是无奇不有，怪事迭起，奥妙无穷，神秘莫测，许许多多的难解之谜简直不可思议，使我们对自己的生命现象和生存环境捉摸不透。破解这些谜团，有助于我们人类社会向更高层次不断迈进。

其实，宇宙世界的丰富多彩与无限魅力就在于那许许多多的难解之谜，使我们不得不密切关注和发出疑问。我们总是不断去认识它、探索它。虽然今天科学技术的发展日新月异，达到了很高程度，但对于那些奥秘还是难以圆满解答。尽管经过许许多多科学先驱不断奋斗，一个个奥秘不断解开，并推进了科学技术大发展，但随之又发现了许多新的奥秘，又不得不向新的问题发起挑战。

宇宙世界是无限的，科学探索也是无限的，我们只有不断拓展更加广阔的生存空间，破解更多奥秘现象，才能使之造福于我们人类，人类社会才能不断获得发展。

为了普及科学知识，激励广大青少年认识和探索宇宙世界的无穷奥妙，根据最新研究成果，特别编辑了这套《学科学魅力大探索》，主要包括真相研究、破译密码、科学成果、科技历史、地理发现等内容，具有很强系统性、科学性、可读性和新奇性。

本套作品知识全面、内容精炼、图文并茂，形象生动，能够培养我们的科学兴趣和爱好，达到普及科学知识的目的，具有很强的可读性、启发性和知识性，是我们广大青少年读者了解科技、增长知识、开阔视野、提高素质、激发探索和启迪智慧的良好科普读物。

目 录

冰雹的形成和危害

冰雹,是一种自然天气现象,俗称雹子。冰雹常见于夏季或春夏之交,是我国比较常见的自然灾害之一。那么,它是怎么形成的呢?

冰雹是一种固态降水物,是圆球形或圆锥形的冰块,它由透

明层和不透明层相间组成。直径一般为5毫米至50毫米，最大的可达10厘米以上。冰雹的直径越大，破坏力就越大。

冰雹是在对流云中形成的。当水汽随着气流上升遇冷凝结成小水滴，若随着高度的增加温度就会继续降低，达到0℃以下时，水滴就会凝结成冰粒。冰粒在上升运动的过程中，就会吸附周围的小冰粒或水滴而长大，直至其重量无法为上升气流所承载时就会往下降落。当小冰粒降落到较高的温度区时，它的表面就会融解成水，同时又会吸附周围的小水滴，如果此时又遇到强大的上升气流再被抬升，它的表面又凝结成冰。就这样，小冰粒在天空中就像滚雪球一样，它的体积就会越来越大，直至它的重力大于空气的浮力，就会往下降落，如果在到达地面时仍然是固态的冰粒，就被称为冰雹；如果融解成水，就是我们平常所见的雨。冰雹和雨、雪一样，都是从云层里掉下来的。

积状云因为对流强弱的不同而形成的各种不同的云彩形状，如果云层中对流运动很猛烈，就形成了积雨云，厚度可达10000米左右。一般的积雨云可能产生雷阵雨，当积雨云发展特别强盛时，云体异常高大，云中有强烈的上升气体，云内有充沛的水分，这时才会产生冰雹，这种云通常称为冰雹云。

冰雹云由水滴、冰晶和雪花组成，一般分为三层：最下面的一层由水滴组成，温度在0℃以上；中间一层由水滴、冰晶和雪花组成，温度为0℃至零下20℃；最上面的一层由冰晶和雪花组成，温度在零下20℃以下。

在冰雹云中的气流是很强大的，通常在云的前进方向，有一

股十分强大的上升气流，从云的底部进入从云的上部流出。还有一股下沉气流从云的后方中层流入从云底流出。这里是通常出现冰雹的降水区。冰雹到来前一般会刮大风，常吹漩涡风。风的来向就是冰雹的来向，在大风中伴有稀疏的大雨点。在我国，下雹子前常刮东南风或东风，雹云一到就突然变成西北风或西风，并且降雹前的风速大于下雷阵雨前的风速，有的可达8级至9级，随后冰雹和雨一起降下来，冰雹会给农业、建筑、通讯、电力、交通以及人民生命财产带来巨大损失。

据有关资料统计，我国每年因冰雹所造成的经济损失达数亿元，甚至数十亿元。气象部门根据一次降雹过程中冰雹的直径、降雹累计时间和积雹的厚度，将冰雹分为三级：

一是轻雹：多数冰雹直径不超过0.5厘米,累计降雹时间不超过10分钟，地面积雹厚度不超过2厘米。

二是中雹：多数冰雹直径0.5厘米至2.0厘米,累计降雹时间10分钟至30分钟，地面积雹厚度2厘米至5厘米。

三是重雹：多数冰雹直径都在2.0厘米以上，累计降雹时间30分钟以上，地面积雹厚度5厘米以上。 不言而喻，重雹对人类造成灾害性最大。

在我国，春末至夏季是冰雹出现的季节。夏天，阳光强烈，地面温度高达几十摄氏度，大量的水汽急剧上升，但高空中气温却很低，云层里的小水滴冻成冰晶，小冰晶变成大冰晶，大冰晶

在云层里上下翻滚，裹上了层层冰的外衣，为冰雹的形成提供了必要的条件。

我国除广东、湖南、湖北、福建、江西等省冰雹较少外，各地每年都会受到不同程度的雹灾。尤其是北方山区及丘陵地区，地形复杂，天气多变，冰雹多，受害重。强烈的冰雹能摧毁庄稼、损坏房屋，人被砸伤、牲畜被砸死的情况也常常发生。

那么，什么样的云才会下雹子呢？除了借助科学仪器观测外，有经验的农民也积累了丰富的观云方法。如："云顶长头发，定有雹子下""天有骆驼云，雹子要临门""黑云黄梢子，必定下雹子""午后黑云滚成团，恶风暴雨一齐来""白云黑云对着跑，这场雹子小不了"，这些谚语都生动地从云的形态方面描述了冰雹来临的前兆。

延 伸 阅 读

强烈的上升气流不仅给雹云输送了充分的水汽，还能支撑冰雹长时间停留在云层中，待到它长到足够大时才降落下来。冰雹和雪一样，都是从积雨云中降落的一种固态降水。

雾是由水汽凝结而成

　　雾常给人一种朦胧的感觉，但较大的雾也会给人们出行带来许多不便。如英国伦敦，曾有"世界雾都"的称号，大雾常常几天不散，造成严重的"雾害"；重庆是我国雾天最多的城市，冬春两季总是雾霭茫茫。

　　那么，雾是怎么形成的呢？在水汽充足、微风及大气层稳定

的情况下，如果接近地面的空气冷却到一定程度，空气中的水汽就会凝结成细微的水滴悬浮于空中，从而使地面水平的能见度下降，这种天气现象就称为雾。在我国，雾大都出现在春季2月至4月间。

雾形成的条件，一是冷却，二是加湿，三是有凝结核，增加空气中水汽的含量。雾的种类有辐射雾、平流雾、混合雾、蒸发雾和烟雾等。

当空气容纳的水汽达到最大限度时，就达到了饱和。而空气的温度越高，空气中所能容纳的水汽就越多。如果空气中所含的水汽多于一定温度条件下的饱和水汽量，多余的水汽就会凝结出来。

当足够多的水分子与空气中微小的灰尘颗粒结合在一起（水分子之间也会相互粘结），就变成小水滴或冰晶。空气中的水汽超过饱和量，凝结成水滴，这主要是气温降低造成的。这就是秋冬早晨多雾的原因。

如果地面热量散失，温度下降，空气又相当潮湿，那么当它冷却到一定程度时，空气中的一部分水汽就会凝结出来，变成很多小水滴，悬浮在近地面的空气层里就形成了雾。雾和云都是由于温度下降而造成的，雾实际上就是靠近地面的云。

在我国，特别在秋冬季节，出现无云风小的机会较多，地面散热比夏天更迅速，地面温度急剧下降使近地面空气中的水汽容易在后半夜到早晨达到饱和凝结成小水珠，形成雾。秋冬里清晨气温低，是雾最浓的时刻。还有一种蒸发雾，这种雾范围小，强度弱，一般发生在水塘周围。

　　城市中的烟雾是人类活动造成的。大量排放的烟尘悬浮物和汽车尾气等污染物在低气压、风小的条件下，不易扩散，与低层空气中的水蒸气相结合，较容易形成持续时间较长的烟尘。

延 伸 阅 读

　　海雾是航海的大敌。在全球发生的各种海难事件中，同海雾有关的事件就占了约1/4。1955年5月11日，日本"紫云丸号"同另一艘船在浓雾中相撞，造成168人死亡，成为雾航中的一个大悲剧。

雪花的尺寸

　　冬天，在寒冷地带，天空中常常飘着美丽的雪花。为什么会产生这种现象呢？原来是气温低于0℃时云层中的水蒸气直接凝结成极小的冰晶，冰晶又随着云层中水汽不断上升而成为雪花，当雪花大到一定程度，上升的气流承受不住它的重量时飘落下来，形成了降雪。

　　我们能够见到的单个雪花，直径一般在0.5毫米至3毫米之间。这样微小的雪花只有在极精确的分析天平上才能称出重量，大约3000个至10000个雪花才有一克重。

　　有位科学家经过粗略统计，1立方米的雪里面约有60亿至80亿颗雪花，比地球上的总人口数还要多。

　　雪花晶体的大小，完全取决于水汽凝华结晶时的温度状况。

　　据研究，当气温为零下36℃时，雪花晶体的平均面积是0.017平方毫米；当气温为零下24℃时，平均面积是0.034平方毫米；当气温为零下18℃时，平均面积是0.084平方毫米；当气温为零下6℃时，平均面积是0.256平方毫米；当气温为零下3℃时，平均面积增大至0.811平方毫米。

　　在冬季，时常有鹅毛大雪的天气。这种天气只是气温接近

0℃左右时的产物，并不是严寒气候的象征。相反，雪花越大，说明当时的温度相对较高，在三九严寒的天气里是很少出现鹅毛大雪的。当气温接近0℃，空气比较潮湿的时候，雪花的并合能力特别大，往往成百上千朵雪花并合成一片鹅毛大雪。因此，严格地说，鹅毛大雪并不能称为雪花，它仅仅是许多雪花的聚合体而已。

1773年冬天，俄国彼得堡的一个舞会上，由于舞厅里又热又闷。一名男子跳上窗台，一拳打破玻璃。这时舞厅里瞬间飘起了雪花，而外面却是星光灿烂，银光如水。

那么，大厅里的雪花是从哪儿飞来的呢？原来，舞厅里众人呼出气体中饱含了大量水汽，蜡烛的燃烧又散布了很多凝结核。

当窗外的冷空气破窗而入的时候，迫使大厅里的饱和水汽立即凝华结晶，变成了雪花。

因此，只要具备了下雪的条件，屋子里也会下雪的。

延 伸 阅 读

1964年3月3日，在美国的亚利桑那州图森市，下过一场罕见的闪光雪，下雪时天空仿佛飘散着点点烛光。在挪威曾经下过一次黄雪，这是由于一种松树的碎末卷向天空同水汽凝结成了黄雪。

下雪天特别安静的原因

　　和雷雨天、冰雹天、沙尘天气等相比较，下雪的日子显得特别安静，这是为什么呢？经过科学研究人们得出结论，雪天安静的最主要的原因是雪花的特殊结构能够吸收声音。

　　雪花是水的固态形式，它的晶体结构是六棱形。当大量的晶体结合在一起时，晶体之间的空隙对声音在空气中的传播会造成一定的影响。

因为新下的雪比较松散，雪花本身以及众多雪花所形成的多孔结构可以使声波在雪里面发生多次反射，从而减弱声音。当雪飘下一片时，中间会有很多小小的空隙。声波进去后经过反射、反射、再反射，如此往复循环下去。雪花的结构吸收声音，就像活性炭吸收颗粒物一样。

不仅软绵绵的雪能吸收声音，柔软而有弹性的材料如地毯、沙发和窗帘等也能吸收声音。

与安静相对的情形是嘈杂。当火车在通过山洞时，噪音特别大，就是因为声音传播不到远处去，都被山洞的墙壁反射回来，声音就变大了。

又如，在游泳馆里人

们总感觉到声音特别嘈杂，就是因为声音遇到坚硬的墙壁，多次反射，变成一种听不清的"嗡嗡"声。

与声音遇到雪花般的柔软相反的是，当它碰到表面没有间隙的硬东西，就很容易反弹回来，产生回声。

例如，人在山谷里听到回声是因为声音向四面八方传播，再反射回来的缘故。四周的障碍物远近不同，就产生了持续不断的优美的回声。

冬天里下雪的时候异常安静，除了上述所说的声音反射的原理以外，导致下雪天非常安静的，还有以下几个原因：

第一，下雪天多发生在冬季，有的动物冬眠，有的鸟类迁徙，大大减少了自然界的声响。冬季的北方多是天寒地冻，所以少了自然界的音响。

第二，天气寒冷，人的社会活动相对减少，人体的兴奋度比其他季节要低，社会噪音也自然会少些。

　　第三，由于雪是水汽凝结形成的，大气活动也不剧烈，所以风声和雷声都少很多。另外，雪花的密度小，浮力大，落地的声音也比雨点小。

延　伸　阅　读

　　科学家曾经在地球的南北极地区发现过红色、黄色、绿色、褐色等颜色的雪，这些彩色的雪是怎么产生的呢？原来，这是一些低等植物"雪生藻"被暴风刮到天空后，同雪片相遇，粘在雪片上后随雪飘落。

神奇的地光

　　地光也叫地震光，是强地震前后一种常见的神奇的自然现象，地光闪耀的同时，往往伴随着"轰隆隆"的地声。

　　地光出现的时间大多与地震同时，但是也有发生在震前几小时和震后短时间内的。地光的形状有带状、柱状、片状、条带状、探照灯状、散射状和火球状等。

　　地光的颜色也是多种多样，有红、橙、黄、绿、蓝等，但以

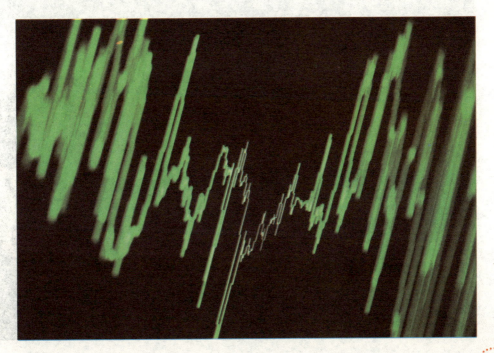

蓝色和红色较多，黄色较少。低空大气中出现的片状光、弧状光和带状光等多为蓝色或青白色，地面上冒出的火球、火团则多为红色。

人们早就发现了地光，然而，没有人能够解释地光是怎么来的。人们知道，要发出能看到的"片状闪电"，需要较强的电压和大量的电荷，那么地震时出现的电荷是怎样产生的呢？

美国的地质学家解开了这个谜。原来，当地面发生裂缝时，有一股巨大的剪切力，迅速地将地层岩石按上下方向切开。剪切中的岩石温度非常高，运动摩擦便产生了电荷。

与此同时，地震发出的热量把地球表层中的水变成蒸气，也就是由液体变为气体，而水中含有氢气和氧气，于是电荷便将氢气点燃，发出光亮。所以，人们看到这闪电般的光好像是从地缝

中发出的。

但是，关于地光产生的原因尚无定论。一般认为，震前低空大气的发光是一种气体的放电现象。有人认为岩石中石英晶体的压电效应能产生强电场，有的认为地下水流动能产生高电压，有人认为火球式的地光是地下逸出的天然气在近地表处的爆发式点燃。1976年凌晨3时，我国唐山夜空出现一道道光束，如同强大的信号灯把大地照得亮如白昼。等到光焰散去，大地颤动，几秒后唐山就变成了废墟。

我国是世界上记载地光最早的国家，在著名古籍《诗经·小雅·十月之交》里就记述了2800年前在我国陕西岐山地震时发生的奇异的声光现象。在国外，这种记载最早见于罗马历史学家塔西伦的《编年史》，记述的是公元17年小亚细亚发生了强烈地

震。公元869年的《三代实录》，记述了陆奥地区的地震海啸时，曾提到过发光现象，距今已有1100多年。

中国地球物理学家通过研究得出：地震发生之前，岩石受到地壳应力作用破裂后会产生强电子流，电子流再通过地壳裂缝进入大气，使空气分子电离而产生地光，这是目前世界上对地光的最新解释。

延 伸 阅 读

人们在很早以前就知道利用地光现象来预测地震，我国古人总结的6条地震前兆，其中有一条讲的就是地光。"夜半晦黑，天忽开朗，光明照耀，无异日中，势必地震。"

地震海啸的危害

海啸是一种具有强大破坏力的海浪。当地震发生于海底，因震波的动力而引起海水剧烈的起伏，形成强大的波浪，波浪向前推进，将沿海地带淹没，我们称为海啸。

　　海啸通常由震源在海底下50千米以内，里氏地震规模6.5级以上的海底地震引起的。海啸波长比海洋的最大深度还要大，在海底传播也不受阻滞，不管海洋有多深，波都可以传播过去。

　　海啸在海洋的传播速度大约每小时500千米至1000千米，而相邻两个浪头的距离也可能远达500千米至650千米，当海啸波进入陆地后，由于深度变浅，波高突然增大，它的这种波浪运动所卷起的海浪，波高可达数十米，并形成水墙。

　　海啸波浪在深海的速度能够超过每小时700千米，可轻松地与波音747飞机保持同步。虽然速度快，但在深水中的海啸并不危险，低于几米的一次单个波浪在开阔的海洋中其长度可超过750千米，这种作用产生的海面倾斜非常细微，在深水中不经意间就过去了。

当地震发生时海底地层发生断裂，部分地层出现猛然上升或者下沉，由此造成从海底到海面的整个水层发生剧烈"抖动"。这种"抖动"是从海底到海面整个水体的波动，其中所含的能量大得惊人。当海啸到达岸边时，水墙就会瞬间冲上陆地。一旦海啸进入大陆架，由于深度急剧变浅，波高骤增，20、30米的巨浪就可给人类带来毁灭性灾害。

　　海啸有两种形式："下降型"海啸和"隆起型"海啸。海啸会以摧枯拉朽之势，越过海岸线，越过田野，迅猛地袭击着岸边的城市和村庄，瞬时人们都消失在巨浪中。

　　港口的所有设施、被震塌的建筑物，都会被狂涛席卷一空。海啸过后，海滩上一片狼藉，到处是残木破板和人畜尸体。地震海啸给人类带来的灾难是惨重的，尽管海啸到来之前有一定预兆，但由于它在外海时不容易引起人们的注意。所以当它到来时，往往让人猝不及防。

目前，人类以现有的技术水平对地震、火山、海啸等一些突如其来的灾难，还无法根本控制。因此，专家告诫人们，一旦发生地震，在海边的朋友一定要马上离开海岸，跑到高处相对安全的地方。

延 伸 阅 读

海啸来袭之前，海水首先是突然退到离沙滩很远的地方，再经过一段时间后，才重新迅猛地上涨起来，并且形成"一发而不可收"之势。海啸的这一特点很容易致使人们忽视它的危险性。

神秘鬼火的形成

"鬼火"就是"磷火"，是一种青绿色火焰，多出现在坟墓里，偶尔出现在城市里。那么"鬼火"是怎么形成的呢？目前仍没有确切的答案。但人们通过研究已经发现其中的一些奥秘。

在过去，由于人们不知鬼火成因，只知道这种火焰多出现在有死人的地方，而且忽隐忽现，随风飘荡，因此把这种神秘的火焰叫做"鬼火"。人们迷信地认为有鬼火出现就是不

祥之兆，是鬼魂在作祟。"鬼火"，有光无焰，是由磷摩擦燃烧引起的。民间还传说，如果看到"鬼火"就不能说话，说话时所产生的空气流动会使"鬼火"飘到你身体周围，即出现"鬼火"跟人"走动"的现象。

科学研究以为：当人的生命走到终点，长眠于地下，埋在地下的躯体就会腐烂，在腐烂的过程中又发生着各种化学反应。磷从磷酸根状态转化成磷化氢，而磷化氢又是一种极轻的气体物质，燃点很低，它在常温下与空气接触便会燃烧起来。

磷化氢产生后，会沿着地下的裂痕或孔洞冒出来。当它在空气中遇热或者发生摩擦，就会燃烧发出蓝色的光，这就是磷火，也就是人们所说的"鬼火"。"鬼火"为什么出现在盛夏之夜呢？这是因为盛夏里天气炎热，温度很高，化学反应速率加快，磷化氢最容易形成。由于生成的磷化氢中往往又混有联膦，而联膦的着火点又非常低，常温下遇到氧气就可以发生自燃现象。当微量的联膦自燃以后，产生的热量又引燃了磷化氢，于是就产生了"鬼火"现象。

那为什么"鬼火"会追着人"走动"呢？我们都知道，在夜间，特别是没有风的时候，空气一般是静止不动的。由于磷火很轻，如果有风刮起或者有人走动时就会带动空气也随之流动，磷火也就会跟着空气一起飘动，甚至会随人的步子，你快它也快，你慢它也慢。

当你停下来时，由于没有任何力量来带动空气，所以空气就停止不动了，"鬼火"自然也就停下来了。这种现象绝不是什么"鬼火追人"。

"鬼火"被纳入科学探讨的课题大约有200年的时间了，这些诡异的火焰也不再神秘莫测了。

关于"鬼火"的成因，还有许多说法。目前，最为科学的解释是以下几种：一是生物磷光现象。在坟地中出现多个萤火虫组成的集体发光效应，至少两个以上。 二是人体尸骸化学分解出物质的反粒子与空间的正粒子进行碰撞，并产生高能量释放而形成的火光效应。 三是人类灵魂的高能量磁场作用于空气中的等离子产生光效应。四是人类灵魂反物质粒子的光学显像特性。

任何一种解释都不是最终的科学判定，"鬼火"现象还要经过最终的科学实验才能够作出定论。

延 伸 阅 读

人体的组成除了含有碳、氢、氧三种元素外，还含有其他一些微量元素，如磷、硫、铁等，这些元素对人体的生长发育都起着至关重要的作用。此外，人体的骨骼里还含有较多的磷酸钙。

夜天光的产生

　　什么是夜天光？简单地说就是在没有月亮的夜晚，除了人为的光亮、极光以外肉眼所见的一切光。

　　从天文学上讲就是指太阳落到地平线以下18度后，在没有月亮的晴朗之夜，在远离城市灯光的地方，夜空所呈现的暗弱的弥

漫光辉，叫做夜天光，又称夜天辐射。在测光工作中，这种光也被称为天空背景，或叫做夜天背景。

那么，夜天光是怎么形成的呢？经过科学家们反复研究，终于揭开了它的神秘面纱。夜天光的光谱是由连续光谱和发射线组成的。而连续光谱是由大气中的分子和尘埃粒子等散射星光产生的，它的峰值在波长为10微米的地方。

夜天光的主要来源有以下几方面：

一是气辉。在高层大气中有时在发生光化学反应的过程中产生辉光。

二是黄道光。因行星际尘埃对太阳光的散射而在黄道面上形成的银白色光锥，呈三角形，约与黄道面对称并朝太阳方向增强。但黄道光很微弱，除了春季黄昏后或秋季黎明前在观测条件较理想情况下才勉强可见，一般情况不易见到。黄道光是存在行星际物质的证明。

三是弥漫银河光。是指银道面附近的星际物质反射或散射的宇宙星光。

四是恒星光。是在河外星系和星系间介质间产生的光。

五是地球大气散射上述光源的光。每平方角秒夜天背景的亮度约相当于目视星等约21.6等，蓝星等约22.6等。

我国首个夜天光保护区建在浙江省安吉的江南天地景区，景区是由中国科学院上海天文台与浙江省有关单位联合建立的，设有两个天文专业观测室和一个科普观测点。建保护区的目的是在经济发达的江浙地区，"留存一片有利于天文观测的夜空"。

江南天池景区只采用床

头灯、写字台灯等局部照明，并挂上遮光窗帘，为天文观测保留足够的黑暗。

有关专家称，夜天光保护区的建成，使上海天文台获得了理想的科研观测基地，有利于开展活动星系核光变监测、空间碎片搜索、近地小行星搜索等科研工作。

延 伸 阅 读

在浙江省安吉天荒坪海拔900米处，有一个"江南天池"景区，即使在除夕之夜，这里也是一片黑暗。为了便于观测，工作人员晚上打手电筒，要在前面包上一层红布，就是为了消光。

白天出现"黑夜"

在白天里出现"黑夜"，这是一种罕见的天象奇观。它是指在晴空如洗的白天，突然间出现的黑暗，这种黑暗持续的时间有长有短，从数十分钟到几小时不等。

它既不是日食，也不是发生在龙卷风之前，虽然是区域性的暂时情况，但这种现象在国内外已经多次发生。那么，白天又怎么会出现黑夜呢？科学家们很早就对这一现象进行了研究。

1944年秋天的一个下午，在我国辽宁省班吉境内，碧空如

洗，万里无云。突然间一片漆黑，伸手不见五指。人们看到这突如其来的怪现象，都开始惊慌失措，呼天喊地，好像天就要塌下来了似的。大约过了一个小时，天空又恢复了光明，惊慌的人们才逐渐平静下来。

在我国山东省青岛也曾出现过白天降夜幕的奇特现象。一天上午11时，阳光辐射的天空渐暗，阴云密布，到了中午12时，忽然天地间一团漆黑。随之而来的是风雨交加，电闪雷鸣，众多行人都措手不及，纷纷避往沿街店铺。大街上顿时"万家灯火"，路灯齐放，过往的车辆也都车灯大开。这一现象持续半个多小时。

美国新英格兰垦区，在1980年5月19日这一天早晨，人们都和往常一样去上班。到上午10时突然天黑地暗，好像进入了茫茫

黑夜，每个人都恐惧万分，不知如何是好。这种情景一直持续至第二天黎明。

此外，在英国的普雷斯顿，也曾出现过白天里的黑暗。1884年4月26日，天空由灰变暗，天渐渐黑下来。大约20分钟才出现阳光。据当地目睹和经历这种天象的人们回忆说，这种白天里出现黑暗的现象发生之前，并没有发现什么异常现象，都是突然发生的。

2012年4月18日上午8时，我国广州遭遇大雨袭击，广州陷入一片漆黑中，车灯开了，写字楼和住宅也都如同夜晚一样开起灯来，一时间，昼如黑夜。

究其原因，这一现象是强对流天气引发的自然现象，主要是由短时间的强降雨引发。云层厚度明显增加、冰晶反射太阳光两个因素共同导致到达地面的可见光明显减少，宛如黑夜。

　　当云层厚度发展到10000米，甚至达17千米至18千米，穿透云层的阳光显著减少。同时，强对流发生时，云层下部是雨滴，上部有大量的冰晶，冰晶反射太阳光，使得穿透云层的阳光大大减少了。

　　到目前为止，对于这种天象奇观，还有待科学家们进一步去研究、探讨。

延 伸 阅 读

　　关于为何会出现这种天象，至今科学家们众说纷纭，有的说和火山爆发有关；有的说很可能与天外星球来客有关，它们从地球上穿过后悄悄而去，形成地球上某地区暂时的黑暗。

赤潮对人类的危害

　　赤潮是在特定的环境条件下，海水中某些浮游植物、原生动物或细菌爆发性增殖或高度聚集而引起水体变色的一种有害的生态现象。

　　"赤潮"被喻为"红色幽灵"，国际上也称为"有害藻华"，

赤潮又称红潮，是海洋生态系统中的一种异常现象。它是由海藻家族中的赤潮藻在特定环境条件下爆发性地增殖造成的。

海藻是一个庞大的家族，除了一些大型海藻外，很多都是非常微小的植物，还有的是单细胞植物。根据引发赤潮的生物种类和数量的不同，海水有时也呈现出黄、绿、褐等不同颜色。

赤潮发生后，会引发大规模的海洋灾难，主要表现在三方面：

一是赤潮生物集聚鱼类鳃部，鱼类因缺氧而窒息死亡；鱼类吞食有毒藻类，导致死亡。

二是赤潮生物死亡后，在分解过程中大量消耗水中的溶解氧，导致鱼类及其他海洋生物因缺氧死亡。有的藻体还会释放出大量的有害气体和毒素，严重污染海洋环境，使海洋的正常生态系统遭到极大破坏。

三是直接威胁人类的健康和生命。在赤潮发生的海域，水产品含有毒素：腹泻性贝毒，麻痹性贝毒。科学家已分离出许多贝毒，其毒性，有的比眼镜蛇的毒还要强80倍。

1986年底，我国福建省东山岛居民因食用含赤潮毒素的海鲜，136人中毒。1983年菲律宾发生赤潮，278人中毒，死亡21人。2004年我国海域发现赤潮96次，有毒赤潮生物引发的赤潮20余次，面积达7000平方千米。

赤潮产生的相关因素有很多，其中最重要的因素是海洋污染。大量含氮有机物的废污水排入海水中，促使海水营养更加丰富，这是赤潮藻类能够大量繁殖的最重要的物质基础。

据统计，在4000多种海洋浮游藻中有260多种能形成赤潮，其中有70多种能产生毒素。有的毒素可以直接导致海洋生物的死亡，有些可

以通过食物链进行传递，造成人类食物中毒。全世界已有30多个国家和地区受到赤潮的危害，日本是受赤潮危害最严重的国家。在我国沿海地区，赤潮灾害也有加重的趋势，一些重要的养殖基地受害尤其严重。

延 伸 阅 读

　　每当赤潮发生以后，除了海水会变成红色之外，海水的黏稠度也会有所增加，这样就会导致非赤潮藻类的浮游生物死亡和衰减；赤潮藻也因爆发性增殖、过度聚集而大量死亡。

沙尘暴对人类的危害

沙尘暴是一种风与沙相互作用的灾害性天气现象，它的形成与地球的温室效应、厄尔尼诺现象、森林锐减、植被破坏、物种灭绝、气候异常等因素有着不可分割的关系。

其中，人口膨胀导致的过度开发自然资源、过量砍伐森林、过度开垦土地是沙尘暴频发的主要原因。

沙尘暴作为一种高强度风沙灾害，并不是在所有有风的地方都能发生，只有那些气候干旱、植被稀疏的地区，才有可能发生

沙尘暴。沙尘天气分为浮尘、扬沙、沙尘暴和强沙尘暴四类。

浮尘，是指尘土、细沙均匀地浮游在空中，使水平能见度小于10000米的天气现象。扬沙，是风将地面尘沙吹起，使空气相当混浊，水平能见度在1千米至10千米以内的天气现象。

沙尘暴，是强风将地面大量尘沙吹起，使空气很混浊，水平能见度小于1000米的天气现象。强沙尘暴，是大风将地面的尘沙吹起，使空气模糊不清，浑浊不堪，水平能见度小于500米的天气现象。

沙尘暴对人类的危害主要表现在以下几方面：

一是人畜死亡、建筑物倒塌、农业减产。沙尘暴对人畜和建筑物的危害不亚于台风和龙卷风。近年来，我国西北地区累计遭受沙尘暴袭击有20多次，死亡失踪人数超过200多。

二是流沙埋压。沙尘暴经过之处，将大量的沙尘沉积下来，以流沙的形式掩埋农田、草场、居民区、工矿、铁路、公路及其他设施。

三是大风袭击。沙尘暴来势凶猛，风速往往超过20米/秒至30米/秒，破坏力巨大的大风可以袭击各种工农业设施。

四是大气污染。沙尘暴过程中会将大量的粉尘粘粒带到高空和对流层中，对大气环境产生污染，对人体、动物和植物造成严重的危害。

沙尘暴降尘中至少有38种化学元素，给起源地、周边地区以及下风地区的大气环境、土壤、农业生产等造成了长期的、潜在的危害。

五是表土流失。农作物赖以生存的微薄的表土被风沙流吹蚀

和腐蚀，土地就会变得异常贫瘠，这将严重影响农作物的产量。

我国的西北地区由于独特的地理环境，也是沙尘暴频繁发生的地区。在这一地区，森林覆盖率不高，加之人们毫无节制地挖甘草、搂发菜以及开矿等掠夺性的破坏行为更加剧了沙尘暴灾害。

延 伸 阅 读

人们防治沙尘暴采取的措施主要是通过减少沙尘物质的来源，例如整治沙漠化土地，植树种草以扩大植被的覆盖度，建立绿洲防护林体系等。同时还需要建立沙尘暴监测预警系统。

温室效应就是花房效应

温室效应又称"花房效应"，是大气保温效应的俗称。大气能使太阳短波辐射到达地面，但地表向外放出的长波热辐射线却被大气吸收，这样就使地表与低层大气温度增高，由于它的作用类似于栽培农作物的温室，所以被称为温室效应。

自工业革命以来，人类向大气中排入的二氧化碳等吸热性强的温室气体逐年增加，大气的温室效应也随之增强，已经引起全球气候变暖等一系列严重问题，引起了世界各国的关注。

尤其是20世纪80年代以来，全球气候明显变暖。英国伦敦气

象台的科学家宣称，自1850年开始有可靠的世界气温记录以来，20世纪80年代是全球最热的10年，而1990年则是全球创记录的最热年。

全球气候为什么会变暖？科学界一致认为，这是由于大气中的二氧化碳等气体含量的增加引起的"温室效应"所造成的。

日光通过大气层射向地球，地球向空间辐射出长波辐射。二氧化碳可以将大量的长波辐射吸收，从而减少了地表热量向空间辐射损失，使得大气层保持一定的热能，增加地表的温度。

二氧化碳引起的"温室效应"对人类生产、生活不一定都是有害的，关键在于二氧化碳在大气中的含量。

在过去的10万年内，大气中的二氧化碳，经植物的自然消耗，大致保持着平衡状态，大气中的二氧化碳的含量恰好适合人

类和动植物生存，也不会使气候发生较大的变化。

可是，近几年来，大气中二氧化碳的含量不断增高，温室效应不断增强，从而导致了全球性的气候变暖。

如果二氧化碳含量比现在增加一倍，全球气温将升高3℃～5℃，那么，两极地区的温度可能会升高10℃，气候将明显变暖。

气温升高，将导致某些地区雨量增加，某些地区出现干旱，飓风力量增强，出现频率也将提高，自然灾害加剧。

更令人担忧的是，由于气温升高，将使两极地区冰川融化，海平面升高，许多沿海城市、岛屿或低洼地区将面临海水上涨的威胁，甚至被海水吞没。

如果是这样，一部分沿海城市就可能要迁入内地，大部分沿海平原将发生盐渍化或沼泽化，不再适于粮食生产。同时，这种

状况对江河中下游地带也将造成灾害。当海水入侵后，会造成江水水位抬高，泥沙淤积加速，洪水威胁加剧，使江河下游的环境急剧恶化，严重威胁人民群众的生命财产安全。

延 伸 阅 读

　　天文学家们通过数据分析，估测出在金星的表面有90个大气压，相当于在地球上海洋900米深处所受的压力，加上金星大气防止热量散失，因此形成了金星全球性的"大温室"效应，表面温度在480度以上。

臭氧层非常重要

　　臭氧是氧的同素异形体，在常温下，它是一种有特殊臭味的蓝色气体。臭氧在距地球表面20千米至50千米的同温层下部形成臭氧层。臭氧是地球大气中一种微量气体，它是由于大气中氧分子受太阳辐射分解成氧原子后，氧原子又与周围的氧分子结合而

形成的。臭氧的作用是吸收太阳释放出来的绝大部分紫外线，使动植物免遭这种射线的危害。

如果这个屏障遭到破坏，不能吸收紫外线，那人和动物就要受到严重地伤害了。可以这样说，臭氧层就是地球上人类和其他生物的"保护伞"。

大气臭氧层主要有三个作用。

一是保护作用。臭氧层能够吸收太阳光中的波长306.3纳米以下的紫外线，保护人类和动植物免遭短波紫外线的伤害。

二是加热作用。臭氧吸收太阳光中的紫外线并将其转换为热能加热大气，由于这种作用，大气温度结构在高度50千米左右有一个峰，地球上空15千米至50千米存在着升温层，由于臭氧才会有平流层的存在。

　　大气的温度结构对于大气的循环具有重要的影响，这一现象的起因也来自臭氧的高度分布。

　　三是温室气体的作用。在对流层上部和平流层底部，即在气温很低的这一高度，臭氧的作用同样非常重要。如果这一高度的臭氧减少，则会产生使地面气温下降的动力。因此，臭氧的高度分布及变化是极其重要的。

　　现代工业、汽车等在大量排放出有害气体，特别是氟利昂冷冻剂的普遍使用，使空气中产生了大量的氯氟烃等污染物质。氯氟烃不在低空分解，在强烈的紫外辐射作用下它们才光解出氯原

子和溴原子，成为破坏臭氧的催化剂。

　　氯原子夺去了臭氧中的一个氧原子，就使它变成了纯氧，从而丧失其吸收紫外线的能力，使臭氧层受到破坏。一个氯原子可以破坏10万个臭氧分子。

　　目前臭氧层破坏严重的地方在"三极"，即北极地区、南极地区和青藏高原的上空。

　　据观测，"三极"地区已经出现了臭氧空洞，因而，保护臭氧层已成为人类保护自身和家园的当务之急。

延　伸　阅　读

　　当太阳放射出强烈的光线到达地球，臭氧层会及时吸收那些对人体有害的短波紫外线，防止紫外线到达地球。臭氧层能吸收99%以上太阳射来的紫外线，成为保护地球生物的天然屏障。

常见的大气污染

　　大气污染是大气中污染物浓度达到有害程度，超过了环境质量标准和破坏生态系统和人类正常生活条件，对人和物造成危害的现象。

　　在大气的各个圈层中，对流层位于最底部，该层中空气的总重量占大气总重量的95％左右，还含有一定的水蒸气。这里有活跃的空气对流，形成风、云、雨、雪、雾、霜等各种自然现象。

大气污染主要发生在对流层，特别是靠近地面1000米至2000米之内，污染的程度也最强。大气中有害物质的浓度越高，污染就越重，危害也就越大。污染物在大气中的浓度，除了取决于排放的总量外，还和排放源高度、气象和地形等因素有关。地形或地面状况复杂的地区，都会对该地区的大气污染状况发生影响。

进入大气中的污染物种类繁多，仅受到人们关注的污染物就有100多种，它们来自于三个方面：

一是生活污染源，即炊事或取暖时燃烧物向大气排放的有害气体和烟雾。

二是工业污染源，即火力发电、钢铁和有色金属冶炼、各种化学工业给大气造成的污染。

三是交通污染源，即汽车、飞机、火车、船舶等交通工具在

使用过程中产生的大量的浓烟、尾气排放。

另外，自然因素如火山爆发、森林火灾、岩石风化等也会造成大气污染。

据统计，全世界每年排入大气中的污染物重量大约为6亿至7亿吨，其中，煤粉尘约1亿吨，一氧化碳约2.2亿吨，二氧化硫约1.46亿吨，碳氢化合物0.88亿吨，二氧化氮、硫化氢等近1亿吨。

人类在消耗能源的同时将大量的废气、烟尘物质排入大气中，严重影响了大气环境质量。污染的大气严重影响人们的健康，低浓度空气污染物的长期作用，可引起上呼吸道炎症、慢性支气管炎、及肺气肿等疾病。还可以诱发冠心病、动脉硬化、高血压等心血管疾病，肺癌的多发也与空气污染存在密切的关系。另外，空气污染还会降低人体的免疫功能，使人对疾病的抵抗力

下降，从而诱发或加重多种疾病的发生。

大气污染对农业、林业、牧业生产的危害也十分严重。一般的植物对二氧化硫的抵抗力都较弱，少量的二氧化硫气体就能影响植物的生长机能，发生落叶或死亡现象。

延　伸　阅　读

一些有色金属冶炼厂或硫酸厂周围，由于长期受二氧化硫气体的危害，树木大都枯死。工厂排出的含氟废气除了污染农田、水源外，对畜牧业也有很大的影响。工业的发展加剧了大气的污染。

引起热污染的因素

　　热污染是指现代工业生产和生活中排放的废热所造成的环境污染。热污染不仅污染大气，还污染水体。

　　热污染是一种能量污染，是指人类活动危害热环境的现象。特殊危害热环境的现象有：人为排放的各种温室气体、臭氧层损耗物质、气溶胶颗粒物等，这些都直接或间接影响全球的气候变化。 常见的热污染有：

一是大气热污染。人类向大气排放含热废气和蒸气，导致大气温度升高而影响气象条件时，称为大气热污染。

大气热污染也会给人类带来许多不良的影响。例如，在工业区或城镇上空，由于生产和生活废热的大量排放，中心地区要比周围地区年平均温度高出0.5℃至1.5℃，这种现象在气象学中称为热岛效应。

热岛效应是把工业区或城镇比喻成海洋中的一个孤岛。白天岛上受热比四周要快，因此，岛上地面气温比周围气温高。

由于热岛的存在，使得工业区或城镇排放的污染物和废热总是在局部地区上空循环徘徊，难以向下风向扩散，从而更加重了工业区或城镇的环境污染。

在一般静风的情况下，热岛是整天都存在的。只有风速比较大、上空受较大气压的梯度影响时，污染物才有可能向下风向输送、扩散和稀释。

由于城市地区人口集中，建筑群、街道等代替了地面的天然覆盖层，工业生产排放热量，大量空调排放热量而形成城市气温高于郊区农村的热污染现象。

二是水体热污染。热电厂、核电站、炼钢厂等排放的废水，会造成的水体温度的升高。这样会造成水中的溶解氧大量减少，某些有毒物质的毒性大大提高，以致于鱼类不能正常繁殖或者死亡；某些细菌也开始在水体中大量繁殖，破坏水生生态环境进行而引起水质恶化。

热污染是人类活动中影响和危害热环境的现象。人们除了利用太阳能外，还无节制地消耗地球上的各种燃料。 如用于工农业

生产，用于冬季里的取暖，用于某些产业中的高温作业等。

　　在燃料消耗过程中，不仅产生大量含有害物质或放射性物质的污染物，还会产生大量的二氧化碳、水蒸气和热水等一些对人体无直接危害的物质。这些物质对环境产生了增温效应。当前，减少人类自身活动造成的热污染，也是环境保护的重要措施。

延　伸　阅　读

　　西方发达国家排放的工业废水最多，以美国为例，全美国每天所排放的冷却用水达4.5亿立方米，接近全国用水量的　；废热水含热量约2500亿千卡，足够把2.5亿立方米的水温度升高10℃。

环境要素的内容

　　环境是人们所在的周围地方以及有关事物，一般分为自然环境与社会环境。构成环境的各个部分统称为环境要素。

　　环境要素一般分为自然环境要素和社会环境要素两大类。我们通常所说的环境要素是指自然环境要素。

　　环境要素包括水、大气、岩石、生物、阳光和土壤等。如水组成水体，全部水体总称为水圈；大气组成大气层，全部大气层

总称为大气圈；由土壤构成农田、草地和林地等；由岩石构成岩体，全部岩石和土壤构成的固体壳层称为岩石圈；由生物体组成生物群落，全部生物群落总称为生物圈。

各个环境要素之间相互作用的主要动力是依靠来自地球内部放射性元素蜕变所产生的内生能和以太阳辐射能为主的外来能。太阳辐射能主要分为三部分：

一是紫外部分，包括 X 射线等，约占太阳辐射总量的7%，主要对一些化学反应起显著的作用，对生命有致死的作用。

二是可见光部分，约占太阳辐射总量的50%，可见光对于植物的光合作用具有特殊的意义。

三是红外部分，约占太阳辐射总量的43%，主要具有热效应的特性。

那么，环境要素具有哪些特点呢？

一是最小限制律。整个环境的质量都要受到环境诸要素中处于最劣状态的环境要素控制，也不能用处在优良状态的环境要素去代替和弥补。所以，人们在改善整个环境质量时，首先应改造最劣的要素。

二是等值性。主要是环境要素对环境质量的作用。每一个环境要素无论存在什么差异，只要它们是处于最劣状态下，那么对于环境质量的限制作用就没有本质的区别，这就是等值性。

三是环境整体性。环境的整体性质能够体现出环境中各个要素的某些特征，但不一定能反映出各要素的全部特点。

四是环境要素间的相互作用和影响。某些要素孕育其他要素的生成，如岩石圈、大气圈、水圈和生物圈都是随着地球环境的发展依次形成的。

　　环境要素的相互关系是通过能量在各个要素之间的传递、转换以及物质流通实现的。从食物链可以清楚地看到环境诸要素间互相联系、互相依赖的关系。

延 伸 阅 读

　　阳光是环境最基本的要素，它是环境变化的基本动力和源泉之一，同时它又对地球表面的温度、大气运动、水循环、生物的分布形式和轮廓以及人类的活动等，都具有决定性的影响。

空气中的无形杀手

我们知道，人类赖以生存的空气，主要成分是氮气、氧气。但是，肉眼所见的空气多是无色透明的，其实还漂浮着许多致命的、肉眼看不到的微粒，被称为"空气中的无形杀手"。那么，这些微粒是怎么来的呢？

微粒的来源和危害主要体现在以下几方面：

一是特殊环境产生的微粒。在医院的病房中，由于人的走动

时会带起大量的尘埃、纤维和细菌。那么在医生给病人输液时，这些微粒就会不可避免地通过输液器的进气管进入药液，使药液里的微粒增加几十倍。实验人员还发现，空气中的二氧化碳还可以使药物中的钙盐产生碳酸钙结晶。

临床操作时产生的微粒，如插管、排气等操作可使输液中的微粒明显增加，尤其是50微米以上的异物和纤维。

尽管目前在针剂或粉剂生产中，采用隔膜防止橡胶塞与药液接触污染，但隔膜被针头穿刺后，橡胶粒进入药液的问题仍不能避免。

二是人为污染源产生的微粒。大都来自矿物燃料的燃烧、采矿、冶金、水泥生产和交通运输。根据它们来源的不同，其组成也多种多样。由矿物燃烧产生的颗粒物，大都是未燃尽的有机物、飞灰、二氧化硫和硫酸盐等。由采矿、冶金与水泥生产中所形成的颗粒物，大都是矽尘、矿粉、煤烟、硅酸盐粉尘等。由交通运输引起的颗粒物则多是轮胎磨损粉尘及地面扬尘等。

空气污染导致的最常见的疾病是哮喘，最致命的危险是导致心脏病和中风。细小微粒造成伦敦每年死亡10000人。人们每次呼吸，都要往肺部深处吸入大约50万个微粒，在受到污染的环境中，吸入的微粒要多100倍。由于微粒极小，因此它们能进入肺部深处。

三是被风刮起的泥土和灰尘、建筑材料产生的微粒、由汽油车辆排放的氧化氮变成的硝酸盐微粒、电厂和工厂排放的氧化硫产生的硫酸盐微粒。

空气中微粒的数量与心血管病患者数量之间是有联系的。微粒与心脏病的关系，存在两种截然不同的机制：

一种是微粒进入肺部深处，作为经常性刺激物留在肺部，会导致炎症并产生黏液。心脏有问题的人呼吸困难时，极易导致死亡。

二是微粒充当把化学污染物质带入肺部深处的媒介。如酸类物质和铁等金属，会加速一种被称为游离基的有害物质的产生，危害人的身体。

延 伸 阅 读

PM是可吸入颗粒物质的缩写。粒径小于等于10微米的叫PM10，粒径小于等于2.5微米的叫PM2.5。其中PM2.5更易于富集空气中的有毒重金属、酸性氧化物、有机污染物、细菌和病毒，且颗粒物的粒子半径越小，毒性越大。

导致全球变暖的因素

全球变暖指的是在一段时间中，地球大气和海洋温度上升的现象，主要是指人为因素造成的温度上升。

100多年以来，全球的平均气温经历了：冷→暖→冷→暖4次波动，总体来看，气温呈上升趋势。进入20世纪80年代后，全球气温开始明显上升。自1975年以来，地球表面的平均温度已经上升了0.9度，由温室效应导致的全球变暖已成了引起世人关注的焦点问题。

那么究竟是什么导致了全球变暖呢？学术界一直公认的学说认为：由燃烧煤、石油、天然气等产生的二氧化碳是导致全球变暖的罪魁祸首。经过几十年的研究，美国空间研究所的詹姆斯·汉森博士提出新观点，认为二氧化碳不是主要的温室气体，而是碳粒粉尘等物质。

碳粒粉尘是一种固体颗粒状物质，主要是由于燃烧煤和柴油等高碳量的燃料时碳利用率太低而造成的，它不仅浪费资源，更引起了环境的污染。

众多的碳粒聚集在对流层中导致了云的堆积，而云的堆积便是温室效应的开始，因为40%至90%的地面热量来自由云层所产生的大气逆辐射，云层越厚，热量越是不能向外扩散，地球也就越裹越热了。

汉森博士对于各种温室气体的含量变化都做了整理记录，发

现在1950年至1970年间，二氧化碳的含量增长了近两倍，而从20世纪70年代至90年代后期，二氧化碳含量则有所减少。用目前流行的理论很难解释仍在恶化的全球变暖的现象。

事实上，碳粒粉尘并不是不可避免的东西。随着内燃机品质的不断提高，甚至不使用内燃机的交通工具的问世，碳粒是可以减少的。汉森博士的学说如果成立，则给地球带来了降温的新希望，但愿地球早日退烧。

为了阻止全球变暖趋势，1992年联合国专门制订了《联合国气候变化框架公约》，并于同年在巴西里约热内卢市签署生效。

依据这一公约，发达国家同意在2000年之前将他们释放到大气层的二氧化碳及其他"温室气体"的排放量降至1990年时的水平。另外，每年二氧化碳排放量高的国家还同意将相关技术和信息转让给发展中国家。

　　这将有助于发展中国家积极应对气候变化带来的各种挑战。截止2004年5月，全球已有189个国家正式签署了上述公约。

　　毫无疑问，我们赖以生存的这个星球正在升温。在20世纪，全世界的平均温度大约攀升了0.6℃。北半球春天的冰雪解冻期比150年前提前了9天，而秋天的霜冻开始时间却晚了10天左右。

延 伸 阅 读

　　20世纪90年代是自19世纪中期气象学家开始温度记录工作以来最温暖的10年。从1995年到2004年十年间，最热的几年依次是：1998年，2002年，2003年，2001年和1997年。

白色污染

　　所谓白色污染，是人们对塑料垃圾污染环境的一种非常形象的称谓。它是指用聚苯乙烯、聚丙烯、聚氯乙烯等高分子化合物制成的各类塑料制品被使用后弃置的固体废物。

　　由于人们乱丢乱扔，难于降解处理，从而造成城市环境的严

重污染。白色污染的来源主要是塑料制品、橡胶、涂料、纤维、黏合剂等。

从20世纪50年代开始，随着石油化工的飞速发展，塑料产量也迅速提高，塑料品种也极为丰富，大多数塑料的颜色还是白色。

目前，工业化的塑料有300多种，常用的60多种，各具不同的物理、化学、机械和电气性能。

塑料可以分为热固性和热可塑性两类。热固性塑料无法重新塑造使用，而可塑性塑料可以重复生产和利用。日常生活中给人类造成污染的塑料主要是热固性塑料。

由于塑料的生产成本比较低，大量的商品包装袋、各种容器及薄膜都不再反复使用，用后就抛弃。还有一些大型机器构件，最后也会随着产品的老化、损坏而报废。这样，塑料就成为典型的、使用寿命短的物品，废弃物遍布城乡从而形成公害。

近20年多来，从全球来看，塑料的人均消费量日益提高。仅以北京市为例，每年扔掉的塑料袋约为23亿个，约1.87万吨、一次性塑料餐具2.2亿个，约0.132万吨，郊区的废薄膜达67.5万平方米，约0.3万吨，可见白色污染物的数量是多么惊人。

在其他国家，尤其是发展中国家的居民聚集区，废塑料同样也是随处可见：城镇郊区的路边，随处可见五颜六色的塑料袋；农田里散落的大量废旧农膜碎片；学校的教室、办公室、商店等角落，遗弃许多塑料器物；铁道、公路沿线两侧，废塑料饭盒满目皆是；城市的垃圾桶内、河道水面，甚至树上、架空线上随处可见各种塑料袋、塑料罐和塑料盒。这些都会给人体、动物、农

业、水产以及环境带来危害。

　　当然，人们在发明塑料时，可能事先并没有想到塑料会给人类带来如此严重的灾难。用过的塑料包装被废弃后，如果不经过人为处理，往往要经过几十年甚至几百年才能够被完全分解掉。这就给人类造成了极大的麻烦，人类的生存环境也势必会遭到污染和破坏。

延　伸　阅　读

　　科学家们已经成功研制出了各种新型的"可降解塑料"。其中，我国科研人员研制的"草纤维薄膜"，在被埋入地下土壤8个月后就可以自行分解成作物所需要的肥料。

石油污染产生的危害

　　石油污染是指石油在开采、运输、装卸、加工和使用过程中，由于泄漏和排放石油引起的污染，主要发生在海洋。

　　石油污染主要分为土壤石油污染和水体石油污染，水体石油污染主要表现为海洋石油污染。

　　石油对环境的污染可分为三个方面：

　　一是油气污染大气环境。表现为油气挥发物与其他有害气体被太阳紫外线照射后，发生物理化学反应，生成光化学烟雾，产

生致癌物和温室效应，破坏臭氧层等。

二是污染土壤和地下水源。地下油罐和输油管线发生腐蚀和渗漏，就会造成此类污染，不仅使土壤盐碱化、毒化，导致土壤破坏和废毁，而且一些有毒物质还能通过农作物尤其是地下水进入食物链系统，最终直接危害到人类自身。

三是油膜对海洋生态系统的破坏。石油漂浮在海面上，迅速扩散形成油膜，然后油膜再通过扩散、蒸发、溶解、乳化、光降解以及生物降解和吸收等方式进行迁移和转化。漂浮的油膜会黏附在鱼鳃上，使大批鱼类窒息死亡；油膜还会抑制水鸟进行产卵和孵化，破坏海鸟羽毛的不透水性。

此外，大面积油膜的形成还会阻碍水体的复氧作用，影响海洋里浮游生物的生长，从而破坏海洋生态平衡。

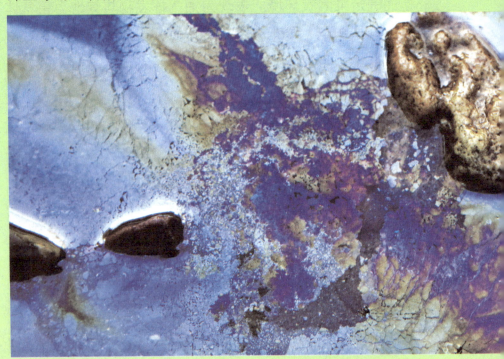

同时，还有相当一部分的原油，会被海洋里的微生物消化分解，成为无机物，或者直接由海水中的氧进行氧化分解。这样，海水中的氧就被大量消耗了，海洋里的鱼类和其他生物就会难以生存。

　　海上溢油事件不仅严重破坏了海洋环境，还存在发生火灾的危险。因此，一旦出现溢油事故，一方面要采取紧急措施，尽可能缩小污染区域，另一方面要迅速消除和回收海面上的浮油。

　　在20世纪80年代以前，人类在治理石油污染土壤方面只采用物理和化学方法，即热处理和化学浸出法。热处理法就是通过焚烧或煅烧土壤，来净化土壤中大部分有机污染物。但会破坏土壤的结构和组分，且价格昂贵。化学浸出和水洗也可以获得较好的除油效果。但会产生二次污染问题，因此这种方法也受到了极大

的限制。

20世纪70年代，美国埃索研究工程公司首创生物修复石油污染土壤的办法，就是利用生物的代谢活动来减少土壤环境中有毒有害物的浓度，使污染土壤恢复健康状态的过程。

延 伸 阅 读

几十万吨的溢油，进入海洋会形成面积庞大的油膜，这层油膜会把大气和海水隔开，妨碍空气中的氧溶解到海水中，进而使水中的氧逐渐减少，导致大批海洋生物死亡。

基因污染非常恐怖

    基因污染已经越来越受到人类的重视，被视为非常恐怖的污染。什么是基因污染呢？就是指一些未知的外源基因通过转基因作物或家养的动物，扩散到栽培作物或野生物种，然后成为后者基因的一部分，这种现象称为基因污染。

    基因污染主要是由基因重组引起的。一旦出现基因污染，将

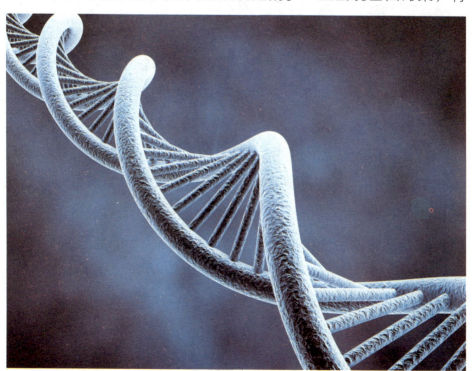

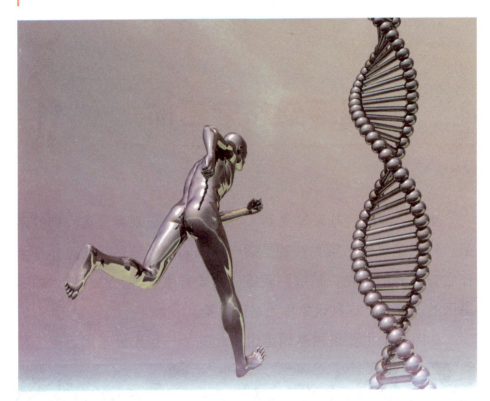

很难改观，甚至会越来越严重。基因工程作物中的转基因能通过花粉所进行的有性生殖过程扩散到其他的同类作物上，这种过程称为"基因漂散"。

经过基因改造后的生物由于具有"杂交"优势，当它们回到自然环境中往往会获得更多的生殖机会，同时还有可能对与之相关的生物产生影响，破坏原有的生态平衡。进而被改造过的基因就会扩散到它的后代中去，使原有种群面临灭种的危险。

据报道，转基因鲑鱼生长速度快、体型较大和抗寒的特点，逃逸到大洋中之后，已对北美地区大西洋和太平洋中野生鲑鱼的生态构成威胁；转基因鲑鱼与野生鲑鱼的后代不再具有野生鲑鱼游动敏捷和定期回游的特点。可见，转基因的生物和原子能一样，在造福人类的同时，对自然生态环境也具有相当大的破坏性。基因污染对人类主要有两方面的影响：一是新的农业革命带来的"基因污染"，对地球生物多样性具有的潜在危险。二是如果人类忽视这种危险，可能给人类自身招致一场不可收拾的灾难。

转基因生物具有潜在的污染生态系统的可能，特别是转基因的细菌、病毒，一旦大量寄生到农作物、家禽家畜体内，就会对养殖业、畜牧业造成不可换回的损失。而一旦转基因细菌或病毒寄生到人体内，则是一种致命的传染病，轻则造成人们患病而死，重则灭绝整个人类。

基因污染是通过两种方式进行的。一种是通过人类以外的生物进行，如在发酵工业、生物制药工业中，常常通过转基因技术培育出工程菌，而有的工程菌一旦进入自然生态系统就会造成污染。另一种基因污染的方式是通过人体直接进行的。

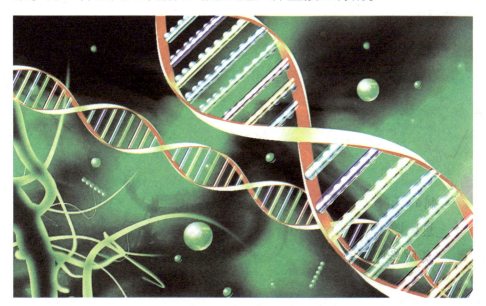

　　人们研究基因的目的是切除有害的遗传基因，保存和改进优秀的基因。通过基因工程，现代医学最终会达到运用基因治疗疾病的目的。

延　伸　阅　读

　　基因污染不仅无法根本清除，而且还有可能在基因研制的过程中增殖和扩散。一旦形成扩散，后果将不堪设想！因而，与人类面对的其他污染相比，基因污染才是人类所要面对的非常特殊、异常危险的污染。

溶洞、岩溶的形成

在自然界里，我们经常看到形态各异、千姿百态的溶洞和岩溶，这是一种非常美丽的自然奇观。那么，溶洞和岩溶是怎么形成的呢？

经科学研究，人们得出了溶洞的成因，即石灰岩地区地下水

长期溶蚀的结果。石灰岩里不溶性的碳酸钙受到水和二氧化碳的共同作用，能转化为微溶性的碳酸氢钙。

由于石灰岩层各部分含石灰质多少是不同的，岩石被侵蚀的程度也不同，于是就逐渐被溶解分割成互不相依、千姿百态、陡峭秀丽的山峰和景观奇异的溶洞。如闻名于世的桂林溶洞、北京石花洞，就是由于大自然中的水和二氧化碳的缓慢侵蚀而创造出来的杰作。

当溶有碳酸氢钙的水从溶洞顶滴到洞底时，由于水分蒸发、压强减小或温度的变化都会使二氧化碳溶解度减小而析出碳酸钙的沉淀。析出的碳酸钙经过成千上万年的积聚就会积聚成钟乳石、石幔和石花等。洞顶的钟乳石与地面的石笋连接起来，就会形成奇特的石柱。

在自然界，溶有二氧化碳的雨水，会使石灰石构成的岩层部分溶解，使碳酸钙转变成可溶性的碳酸氢钙，当受热或压强突然减小时碳酸氢钙会重新变成碳酸钙沉淀。

大自然经过长期重复上述反应，就形成了各种奇特壮观的溶洞，如桂林的七星岩、芦笛岩、肇庆的七星岩、宜春的竹山洞等。

岩溶指可溶性岩石，特别是碳酸盐类岩石，受含有二氧化碳的流水溶蚀，有时加以沉积作用而形成的地貌，又称喀斯特地貌。

"喀斯特"（Karst）原是南斯拉夫西北部伊斯特拉半岛上的石灰岩高原的地名，意思是岩石裸露的地方。那里有发育典型的岩溶地貌。

岩溶的外形非常奇特，有洞穴、石芽、石林、溶洞、地下河

等。这种地貌地区，常常是奇峰林立、怪石嶙峋。

在我国，广西、云南、贵州等省区都有这种地貌分布，著名的桂林山水所呈现的奇峰异洞就是这样形成的。

延伸阅读

世界上最大的溶洞是北美阿巴拉契亚山脉的猛犸洞，位于肯塔基州境内，洞深约64千米，岔洞连起来的总长约250千米。洞里宽阔处如广场，窄处如长廊，最高处约为30米，并垂直向上分出3层。

河流湖泊生态系统

生活在河流里的生物群落与大气、河水及底质之间连续进行着物质交换和能量传递，这就形成了结构和功能相对统一的流水生态单元，即河流生态系统。

河流生态系统属于流水生态系统的一种，是陆地与海洋联系的纽带，在地球生物圈的物质循环中起着主要作用。

河流生态系统水的持续流动性，能够使河流中溶解的氧气长期处于比较充足的状态，且层次分化也不明显。河流生态系统主要具有以下特点：

一是具有纵向成带现象。但物种的纵向替换并不是均匀的连续变化，特殊种群可以在整个河流中再现。

二是生物大多具有适应环境的特殊形态结构，表现在浮游生物较少，底栖生物多具有体形扁平、流线性等形态或吸盘结构，适应性强

的鱼类和微生物丰富。

三是与其他生态系统相互制约，关系复杂。一方面表现为气候、植被以及人为干扰强度等对河流生态系统都有较大影响；另一方面表现为河流生态系统明显影响沿海生态系统的形成和演化。

四是自净能力强，受干扰后恢复速度较快。

湖泊生态系统是指湖泊生物群落与大气、湖水及湖底的沉积物之间连续地进行物质交换和能量传递，从而形成结构复杂、功能协调的基本生态单元。

湖泊水体的生态系统属静水生态系统的一种。湖泊生态系统的水，流动性小或者长期处于不流动状态，因而在湖泊的底部沉积物较多，水温、溶解氧、二氧化碳和营养盐类等分层现象也比较明显。湖泊生物群落分层与分带都很明显，主要呈现出以下几个特征：一是水生植物由挺水植物、漂浮植物和沉水植物组成；二是在各种各样的植物上生活着各种水生昆虫及螺类；三是浅水层中生活着各种浮游生物及鱼类等；四是深水层有大量异养动物和嫌气性细菌；五是水体的各部分广泛地分布着各种微生物。

在湖泊生态系统中，各类水生生物群落间、水生生物群落与水环境间始终维持着特定的物质循环和能量流动，从而构成一个

完整的生态单元。随着地壳的不断变迁，就会发生由湖泊到陆地的演变。人类如果继续违背自然规律，进行无节制的破坏活动，如围湖造田，将会加速这种演变的进程。

延 伸 阅 读

从湖泊到陆地这一演变过程，将使湖泊生态系统经历如下四个阶段：贫营养阶段、富营养阶段、水中草本阶段、低地沼泽阶段，直到森林顶极群落，最终才能完全演变成为陆地生态系统。

草坪的重要作用

　　草坪，也称平坦的草地，是用多年生矮小草本植株密植，并经修剪的人工草地。在18世纪中期，英国的自然风景园中开始出现大面积草坪。我国草坪的出现开始于近代。

　　草坪现在多指园林中用人工铺植草皮或播种草籽培养形成的整片的绿色地面，由人工建植或人工养护管理起到绿化美化作用的草地。草坪是近年来的一个"热门植物景观"，它已经成为一

个国家、一个城市文明程度的标志之一。

国际上已经将草坪覆盖面积作为衡量现代化城市建设的重要标志之一，并于1969年成立了国际草坪学会。目前，全球草坪栽培技术，以高尔夫球场草坪为典型代表。

草坪按照不同的用途可以分为游憩草坪、观赏草坪、运动场草坪、交通安全草坪和保土护坡草坪。

用于城市和园林中草坪的草本植物主要有结缕草、野牛草、狗牙根草、地毯草、钝叶草、假俭草、黑麦草、早熟禾、剪股颖等。

草坪作为消减噪音、提供休闲和运动场所以及保持水土等多种功能的公共绿地，在维护生态平衡、美化生活环境、发展体育运动等方面，具有不可替代的作用。

一是促进能量转变。草能把太阳能转变成生物能。据科学家计算，700亩的草每天从太阳方面吸收的能，竟和一颗普通大小的原子弹所释放出来的能相似。

二是净化空气。草坪能吸收二氧化硫、氟化氢、氨、氯等有害气体。草的叶片茂密而粗糙，有的还长有许多绒毛，能够滞留、过滤和吸附空气中的粉尘、烟尘、灰尘。据测定，草坪比裸地的吸尘能力强70多倍，草坪上空的空气含尘量仅为裸露地面上空的20％至30％。

三是平衡生态。草能通过光合作用吸收二氧化碳，放出氧气，保证大气中氧气和二氧化碳的平衡，保持空气的清新。

四是调节温度。草坪植物在生长过程中蒸发大量水分，可使草坪地面冬暖夏凉，夏天接近日光直射的高楼墙壁以及柏油路面、水泥路面的气温，较日光照射的草坪附近高4℃至4.5℃：冬

天草坪地面的温度又比柏油路面约高4℃至6℃。

五是调节湿度。一亩草坪每天大约蒸发4.25吨水，所以夏天在草坪区域，人们会感到空气格外清新、甜润。

六是防止径流。草类植物根系异常发达，有的草根很长，能紧紧地抓住泥土，防止水土流失。

延 伸 阅 读

在公园、小区或者某些公共场所的绿地上，经常看到"绿草如茵，请君呵护"和"小草也有生命"这样的警示牌。草坪对人类有这么多的用途，我们一定要用心呵护和爱护草坪。

城市设绿化带的原因

在城市道路用地的范围内，总会提供一处条形地带，作为绿化区域，这就是绿化带。

绿化带在美化城市、净化环境、消除司机视觉疲劳、减少交通事故等方面都起着非常重要的作用，主要表现在：

一、城市绿化带的作用。在环保方面，首先是增加了城市的绿化覆盖率；其次，低矮的灌木和乔木可以通过光合作用来净化

空气，同时降低噪音。

二、道路分车带的作用。是分隔城市道路交通的绿化带，常见为单排（分隔上下行车道）和双排（分隔快慢车道）两种形式。

绿化分车带虽小，但在城市中分布广泛，位置重要显眼，对城市面貌影响较大。用绿化带将车道分开，保证了车辆行驶的轨迹与安全，合理处理了交通和绿化的关系，起着疏导交通和安全隔离的作用，同时还可阻挡相向行驶车辆的眩光。

交通岛绿地形成环形交通，使车辆能够按照有序方式行驶，减少交通事故的发生。

三、人行绿化带的作用。人行道绿化是街道绿化不可缺少的组成部分。它对美化市容、丰富城市街景和改善街道生态环境都具有重要的作用。

人行道绿化最常见的树种是速生法桐。它是悬铃木科悬铃木属优良新品种，树冠广展，叶大荫浓、树势强健。这种树的吸滞烟尘的能力非常强，并对多种有毒气体污染都有很好的耐受性。速生法桐的作用主要表现在以下几个方面：

一是调节小气候。速生法桐具有较强的遮阳庇荫和蒸腾能力，具有良好的调节气候和增加空气湿度的作用，能使局部气温降低3℃至5℃，增加相对湿度3%至12%，而且绿化面积越大，它调节气温的能力就越强。

二是净化空气。这种树能吸收和净化多种有毒气体，净化空气的能力特别强。当二氧化硫气体通过高15米，宽15米的法桐林

带时，浓度下降了47.7%。

　　三是吸烟减尘。由于树的叶片布满绒毛，对工厂排出的烟尘具有较强的阻挡、吸收和黏着能力，空气中含尘量越高，减尘效果越明显。

延　伸　阅　读

　　在城市中，用绿化带将车道分开，不仅保证了车辆行驶的轨迹与安全，合理处理了交通和绿化的关系，起到疏导交通和安全隔离的作用，同时还可以阻挡相向行驶的车辆之间发生眩光。

荒漠和荒漠化

在我们美丽的地球家园，除了分布着森林、草地、山脉、海洋，还有相对荒凉的荒漠。那么，荒漠的存在对我们有用处吗？

在地球陆地的表面 $\frac{1}{3}$ 是荒漠。我们把这种年降雨量少于25厘米，或者蒸发量远远超过降雨量，造成有效水分缺乏的地区都称为荒漠，有时也把没有生命的荒凉地带称为荒漠。

荒漠地区气候干燥、降水极少、蒸发强烈、植被缺乏、物理风化强烈、风力作用强劲，而且蒸发量超过降水量的几倍甚至几

十倍，如流沙、泥滩、戈壁地区。

荒漠主要分布在南北纬15度至50度之间的地带。其中，15度至35度之间为副热带，是由高气压带引起的干旱荒漠带；北纬35度至50度之间为温带、暖温带，是大陆内部的干旱荒漠区。

荒漠化按气候区分类主要有热带荒漠与温带荒漠两种类型。热带荒漠带主要分布在大陆南北回归线附近，这与回归高压带气流下沉有着密切的联系。热带荒漠带气候干燥、降水极少、蒸发强烈，植被缺乏、物理风化强烈、风力作用强劲、其蒸发量超过降水量数倍乃至数十倍的流沙、泥滩、戈壁分布的地区。

温带荒漠带主要分布在亚欧大陆中部和北美大陆西部的一些山间高原上，以及南美大陆南部的东侧。气候属于温带大陆性干旱类型。这里植被贫乏，只有非常稀疏的草本植物和个别灌木；土壤主要是荒漠土。

地球荒漠的面积每年都在增长，由于荒漠边缘适宜生存的土地因人类的错误使用而变得退化，从而导致荒漠化。

荒漠化是指包括气候变异和人类活动在内的种种因素造成的干旱、半干旱和亚湿润干旱地区的土地退化，这个定义是世界各国领导人在1992年的地球问题首脑会议上商定的。

土地退化是指由于人类使用土地不合理或其他因素，导致了干旱、半干旱和亚湿润干旱地区的土地，如雨浇地、水浇地或草原、森林和林地的生物或经济生产力下降或丧失。

　　被称为荒漠化的地区，必须是土地退化持续发生，而且荒漠增加的速度十分惊人，严重侵害着地球上有生产能力的宝贵的土地资源。当这种现象发生在干旱地区时，往往会造成沙漠般的景观。干旱是荒漠化的部分成因，但从根本上讲，还是人类不合理地利用土地、人为地破坏植被、过度地采用水资源等造成的。国际社会很久以来就认识到荒漠化是一个重要的经济、社会和环境问题。1977年，联合国荒漠化大会通过了一项《防治荒漠化行动计划》。然而，尽管国际组织和各国做过多种努力，全球的干旱、

半干旱和亚湿润干旱地区的土地退化问题仍在加剧。

因此，如何通过一种全新的综合方式解决荒漠化的扩展问题，是解决世界荒漠化防治的主要问题。

延　伸　阅　读

荒漠是利用太阳能电池组或抛物线形太阳能收集器发电的潜在场所。有一些荒漠因严重缺水，几乎处于与世隔绝的状态，这就使它们成为人类保存核废料和其他危险废物最为合适的地方。